“十四五”时期国家重点出版物出版专项规划项目

◀农业科普丛书▶

图说小麦生产全程机械化

施肥与施药篇

陈立平　安晓飞　赵学观　张瑞瑞　徐新刚　编著

U0272083

中国农业科学技术出版社

图书在版编目（CIP）数据

图说小麦生产全程机械化.施肥与施药篇／陈立平等编著.一北京：中国农业科学技术出版社，2024.6

ISBN 978-7-5116-6276-7

Ⅰ.①图… Ⅱ.①陈… Ⅲ.①小麦－农业生产－农业－农业机械化－图解 Ⅳ.① S233.72-64

中国国家版本馆 CIP 数据核字（2023）第 081241 号

责任编辑　姚　欢
责任校对　王　彦
责任印制　姜义伟　王思文

出 版 者	中国农业科学技术出版社
	北京市中关村南大街 12 号　　邮编：100081
电　　话	（010）82106631（编辑室）（010）82109702（发行部）
	（010）82109709（读者服务部）
传　　真	（010）82106631
网　　址	https：// castp.caas.cn
经 销 者	各地新华书店
印 刷 者	北京科信印刷有限公司
开　　本	140 mm×203 mm　1/32
印　　张	2
字　　数	50 千字
版　　次	2024 年 6 月第 1 版　2024 年 6 月第 1 次印刷
定　　价	60.00 元（全 4 册）

序言
PREFACE

　　长期以来，党中央、国务院高度重视农业机械化发展。早在 1959 年，毛泽东主席就作出了"农业的根本出路在于机械化"的著名论断。2018 年，习近平总书记在黑龙江北大荒建三江国家农业科技园区考察时指出，大力推进农业机械化、智能化，给农业现代化插上科技的翅膀。实现传统农业向现代农业的转变，关键是依靠科技进步。农业机械化是应用农业科技的主要载体。2024 年中央一号文件对有效推进乡村全面振兴给出了指导意见，其中明确提出要大力实施农机装备补短板行动。近年来，我国农机装备总量持续增长，作业水平不断提升，社会化服务能力显著增强，带动农业生产方式、组织方式、经营方式深刻变革。农业机械化快速发展，为增强我国农业综合生产能力、加快农业现代化提供了有力支撑。

　　国家小麦产业技术体系长期致力于小麦良种培育、病虫草害防控、栽培与土肥技术、加工贮藏、产业经济、机械化等产业重点任务，集中全国优势力量，开展技术攻关和成果应用，有效保障了小麦产业健康发展。小麦全程机械化生产能有效提升生产效率，提高小麦产量，保证小麦品质。进一步加快推进小麦全程机械化，推动小麦产业绿色高质量发展，提高小麦自主产能，对保障我国粮食安全具有重要意义。

小麦生产全程机械化技术主要涉及耕、种、管、收等环节，包括秸秆处理与土地耕整、精少量播种、节水灌溉、高效植保、联合收获、小麦烘干等农机农艺融合技术。我国科技工作者根据小麦不同产区实际情况开发出一系列全程机械化生产技术与模式，并持续平稳推进。通过先进农机技术集成和农机农艺融合，有效提高了农机化水平和作业效率，达到了简化作业环节、降低生产成本、增产增收的目的。同时，示范带动了其他作物生产全程机械化水平的提高，利用机械化手段实现农业绿色生产，促进了农业可持续发展。

　　《图说小麦生产全程机械化》一书包括耕播篇、灌溉篇、施肥与施药篇、收获篇。国家小麦产业技术体系机械化功能研究室积极探索新型表现方法，采用大众喜闻乐见的漫画、刨根问底的问答形式，兼顾真实性、启迪性和普及性，凝练小麦整地、播种、灌溉、施肥、施药和收获机械化技术要点和装备特征，解答种植户关心的各类小麦机械化问题。全书语言通俗易懂，内容丰富，可帮助读者在较短时间内准确地了解小麦全程机械化的流程并快速找到自身所需要的内容。相信本套图书的编撰出版能为小麦全程机械化技术培训提供科普教材，有效提高读者对小麦机械化生产技术的认识水平，推动小麦生产全程机械化技术普及与应用，助力小麦绿色高效生产。

国家小麦产业技术体系首席科学家

2024 年 4 月

前言
PREFACE

　　小麦是我国最重要的粮食作物之一，小麦产业的高质量发展对保障国家粮食安全、推动乡村振兴至关重要。农业机械化是小麦高效优质生产的重要保障。当前，我国小麦机械化技术装备正由数量增加持续向质量提升转变，普及和推广高水平小麦全程机械化生产技术装备，对促进小麦生产向绿色可持续方向发展具有重要意义。

　　《图说小麦生产全程机械化》为系列丛书，共分四册。本套图书内容上结合我国小麦主产区生产特点，围绕耕、种、管、收生产环节详细介绍了小麦全程机械化生产技术装备，以漫画的形式，通过人物对话总结了耕播、施肥施药、灌溉、收获各个生产环节的技术装备与作业要求；技术上兼具实际操作性，突出创新性，精选了当前生产上的新技术。

　　本套图书适用于广大农作物种植企业、合作社、家庭农场、基层农技推广人员以及农林院校相关专业师生阅读。

　　由于时间和作者水平有限，书中难免存在不足之处，欢迎广大读者批评指正！

编　者

2024 年 4 月

施肥篇

2

小麦施肥机作业前都需要做哪些准备？

检查施肥机各部件完好；链轮、齿轮啮合正常，润滑良好；调整地轮，保证地轮传动平稳可靠；调整排肥器开度，标定各路排肥单转排量。

小麦施肥机作业过程中需要注意哪些？

注意观察肥箱肥量，发现不能满足一个行程的排肥量，应及时添加，有条件的可加装施肥监控报警装置和拖拉机自动导航系统，确保各行排肥顺畅。

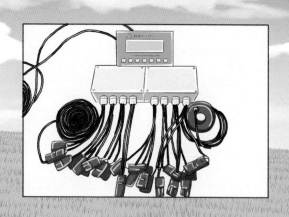

小麦施肥监控报警装置有什么作用？

小麦施肥监控报警装置可以实时监测施肥机作业过程中每时每刻的下肥情况，肥料漏施、堵塞就会报警，提高施肥质量与效率。

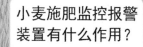

9

拖拉机自动导航系统

电动方向盘

高精度天线

转角传感器

车载导航终端

在小麦施肥过程中，自动导航系统有什么作用？

拖拉机自动导航系统可以在小麦施肥过程中实现精准作业，施肥不重不漏，提高施肥作业质量。

远程监测系统

这套小麦施肥作业远程监测系统有什么用？

通过安装小麦施肥作业远程监测系统，可以实现田间农机施肥状态显示、田间作业面积统计，通过手机App可以查看已经完成施肥作业的面积。

水肥一体化技术是指在灌溉的同时进行施肥，通过灌溉系统施肥，作物在吸收水分的同时吸收养分。在压力作用下，将含肥料溶液的灌溉水注入灌溉输水管道，通过灌水器（喷头、微喷头和滴头等）将肥液喷洒到作物上或滴入根区。

水肥一体化技术需要用到施肥装置，即将肥料（药）注入微灌系统要求的设备。

常用的施肥方法主要有压差式、文丘里式、注肥泵式，以及过滤灌溉施肥一体化机组等。

哦，那还挺复杂的呢！

长势监测仪通过光学传感器，可快速感知监测冬小麦实际生长状态指标。这些指标被输入内置的冬小麦需肥模型，就可以测算出不同的施肥推荐量，为农户提供依据冬小麦长势高低水平的变量施肥服务，以达到降低施肥成本、减少肥料对麦田生态环境影响的目的。

操作要求：

（1）长势监测仪一般要求在晴天条件下使用。

（2）使用最佳时间是10：00—15：00。

（3）操作使用人员尽量穿深色的衣服。

（4）使用时保持监测仪中水平仪气泡居中。

（5）监测时一般距离作物冠层表面1米。

能做到按需施肥？太好了，赶紧测量用吧！

马上，这仪器使用很方便，现在就测。

别急，别急，使用前要注意操作条件！

我这一块田要测多少次，测哪里呢？

一个田块测多少次，测哪里，是有要求的。一般来说，一个田块如果小麦长势比较均匀，那么全田均匀设点测量，然后取平均数就可以了。

如果田块内小麦长势差异较大，可以划分几个小区，分别在小区内均匀布点测量，取均值作为小区的施肥量即可；此外，测量的点要求离田块边缘10米以上为宜。

无人机遥感处方决策技术，特别适合于大面积麦田施肥指导。无人机可快速、大范围获取麦田生长指标，结合小麦需肥模型，可以生成麦田的施肥推荐处方图，为麦田精准变量作业提供空间信息支持。

农场面积这么大，使用便携式仪器测起来还是挺累的。

使用长势监测仪测量获得推荐施肥量，对于小地块还行，我这种植面积这么大，用起来还是挺费劲的。

别急，对于大面积的麦田推荐施肥，可以使用无人机遥感技术生成麦田施肥决策处方图，只需要一张图，农场全部田块的施肥变化一目了然。

17

无人机飞行轨迹图

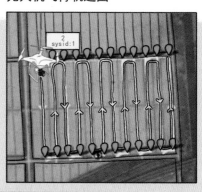

无人机看起来挺先进，监测麦田时操作复杂吗？

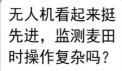

现在的无人机自动化程度很高，操作起来很简单。起飞前，先设置好飞行路径和飞行参数，起飞后无人机就可以按设定的路线进行自动拍摄工作，飞行作业完成后，自动返回。

18

无人机影像图

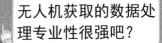

无人机获取的数据处理专业性很强吧？

无人机获取的影像数据可用配套专业的处理软件进行处理，导入数据后，设置常规的处理参数，软件自动进行数据拼接处理，一般用时从几十分钟到几小时不等，就可以得到整个农场范围的麦田影像。

19

长势空间分布图

得到整个农场的无人机影像后，怎么获取小麦长势营养信息？

获取的无人机影像一般是多波段的光谱影像，可以生成指示小麦生长差异水平的植被指数如NDVI影像图，用来监测小麦长势营养水平。利用植被指数可以制作生成小麦不同长势等级的分布图，可为施肥决策提供空间信息支持，长势好的少施肥，长势弱的多施肥。

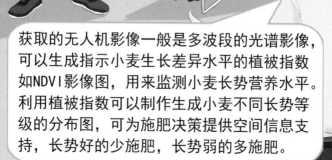

地块施肥处方图

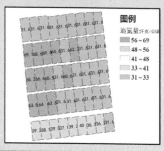

通过无人机影像得到整个农场麦田施肥推荐处方图，施肥量一目了然啊。

这个好是好，但是田块内施肥量变化差异较大，不利于机械作业，能不能一个田块给出一个施肥量呢？

当然可以，这个操作很方便，利用无人机影像获得整个农场麦田的施肥处方图后，为了得到各个田块的施肥推荐处方量，可以叠加地块边界，利用地理信息统计分析软件，可以很轻松地计算出各个田块的施肥量。

有了农场各麦田的施肥量处方图，怎么跟机械结合进行施肥作业呢？

可以将农场麦田的施肥量处方图输入变量施肥机中，施肥机在行走过程中，实时接收北斗空间地理位置定位信号，该定位信号又可与处方图空间位置进行精准配置，施肥机便可获得定位点位置处的施肥量数值，根据该值，施肥机就可实现精准施肥作业。

23

施药篇

植保无人机作业前有什么要注意的啊?

针对使用手册上的检查项确认植保无人机有无问题。

作业前需要对植保无人机进行例行检查,包括电源、旋翼、喷洒系统、操控系统、各部件紧固情况等。

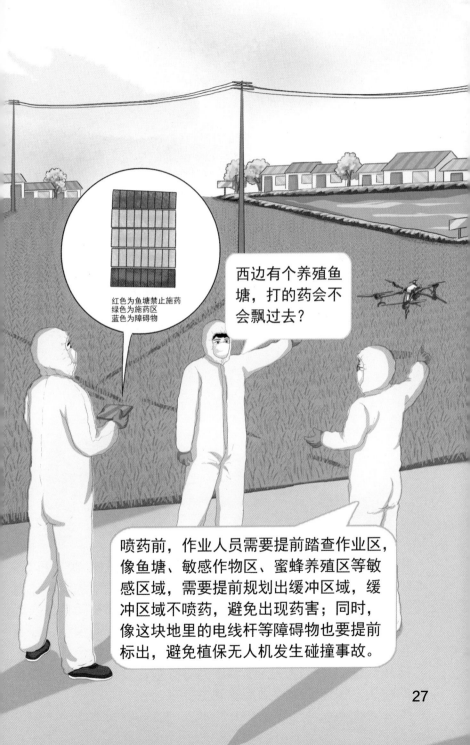

27

这么多不同颜色的喷头，究竟应该怎么选啊？

根据国家标准GB/T 18676—2009《植物保护机械 喷雾机（器）喷头 标识用颜色编码》，以工作压力0.3兆帕下的流量作为基准规定农用喷头的颜色，流量从小到大，喷头颜色依次为丁香蓝色、橄榄绿色、浅粉红色、纯橙色、交通绿色、绿黄色、紫罗兰色、龙胆蓝色、红玄武土色、火焰红色等，应根据施药量、飞行速度、喷洒压力等参数，合理选用特定颜色的喷头，保证喷头喷洒流量满足要求。

植保无人机施药时，必须加飞防助剂吗？

应该尽可能地添加防飘助剂和抗蒸发助剂，因为植保无人机施用农药浓度比较高，通过添加助剂，可提高药液的抗飘失和抗蒸发的能力。

同时助剂能促进雾滴更好地在叶面上铺展，使更多的药液附着在叶片上。

植保无人机一亩地喷这么点水，多加点药吧！

不要！植保无人机虽然亩施药量小，但也得按照农药标签的用量进行混配，比如标签上的标识为10毫升/亩，我们应保证植保无人机喷洒的每亩药液中包含10毫升农药。

30

植保无人机的有效喷幅怎么计算？

我们可以参考植保无人机说明书里的有效喷幅查询表，目前市面上植保无人机有效喷幅大多为4~7米。但为了避免重喷漏喷，作业前最好提前标定喷幅：垂直于植保无人机飞行航线布置水敏纸，植保无人机根据设定的作业参数进行单次喷洒，水敏纸雾滴覆盖密度达到每平方厘米15个及以上的范围为有效喷幅。

有效喷幅标定案例

32

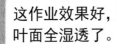
这作业效果好，叶面全湿透了。

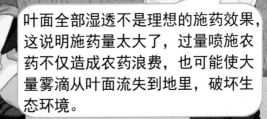
叶面全部湿透不是理想的施药效果，这说明施药量太大了，过量喷施农药不仅造成农药浪费，也可能使大量雾滴从叶面流失到地里，破坏生态环境。

植保无人机作业人员须全程佩戴口罩、手套，穿长袖上衣、长裤；禁止人员站在下风向作业或围观；如发生农药中毒，要迅速离开现场，脱去被污染的衣物，用清水清洗污染的皮肤、头发和指甲，再用流动的微温水冲洗。如症状严重，应带上农药包装或拍照后迅速送医。

应急性故障及应对措施：
（1）飞机因故障掉落后，飞机操控人员应马上关掉动力指令，待无人机完全处于静止状态方可查看，首先关闭电源，将无人机抬出检查。
（2）特殊天气如遇到大风、降雨、冰雹等，应立刻中止作业，就近寻找可降落区域，并及时断电。

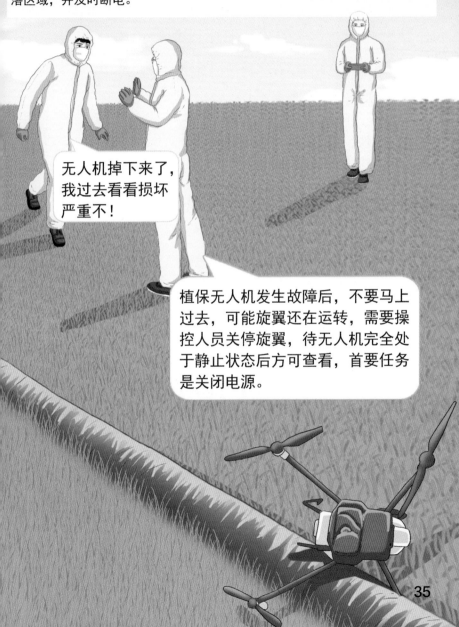

无人机掉下来了，我过去看看损坏严重不！

植保无人机发生故障后，不要马上过去，可能旋翼还在运转，需要操控人员关停旋翼，待无人机完全处于静止状态后方可查看，首要任务是关闭电源。

药打完了，不过植保无人机飞得这么快，咱们都没进田，怎么知道这块地有没有漏喷的区域？

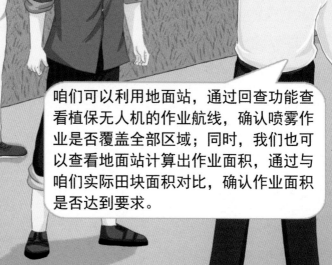

咱们可以利用地面站，通过回查功能查看植保无人机的作业航线，确认喷雾作业是否覆盖全部区域；同时，我们也可以查看地面站计算出作业面积，通过与咱们实际田块面积对比，确认作业面积是否达到要求。

通过人工卡标计数或使用水敏纸分析软件计算单位面积雾滴数。一般而言，喷洒杀虫剂适合采用30～150微米大小的雾滴，每平方厘米20～30个雾滴为佳；喷洒杀菌剂宜采用30～150微米大小的雾滴，每平方厘米50～70个雾滴为佳；而喷洒除草剂时，则适合采用100～300微米的较粗大雾滴，每平方厘米20～40个雾滴为佳。

怎么看我施药施得匀不匀啊?

一般以幅宽内各测点沉积量变异系数判定均匀性。变异系数越小，表示均匀性越好。一般变异系数不超过50%都在允许范围内。变异系数如果太高，就需要考虑调整施药方式了。

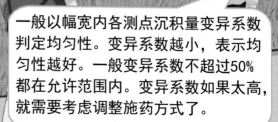

我看小麦植株上部着药挺多的，但下部着药很少，这怎么处理？

应及时调整作业参数，提高雾滴穿透性，增加雾滴在小麦下部冠层的附着量。可以通过降低飞行高度和飞行速度，提高旋翼下洗流强度，促使雾滴进入冠层下部。

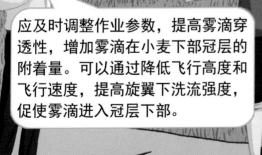

机械化施药与人力施药相比的优势：
　（1）携带药液容量大、作业范围广、喷药速度快、雾化效果好，使人可以从繁重的劳动中解放出来。
　（2）机械化精准施药技术具有低喷量、精喷洒、高效作业等优势，减少农药成本和农药对土地的损害。

你这喷药机个头这么大，很难操作吧？看着不如我自己打药省事啊。

不难，只要设定好施药量开着走就好了，有传感器监测喷药量，喷药量很准，行走的时候还有导航，可省劲了！而且我加一次水就可以作业近20亩地。

41

注意事项：
在喷药机作业时，由于雾滴发生飘移现象，操作机手和在场人员都需要做好防护。

操作喷药机你怎么没穿戴防护用具啊！

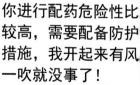

你进行配药危险性比较高，需要配备防护措施，我开起来有风一吹就没事了！

在操作施药机械时，操作机手和在场人员都需要做好个人防护措施。雾滴容易产生飘移现象，有风的情况下应戴口罩、橡胶手套和护目镜。

42

进行大田施药操作人员需要进行相关技术知识培训：

（1）应掌握机具的操作、维护保养、常见故障排除技能以及相关安全知识。

（2）操作人员应了解施药作业时的注意事项。

（3）操作人员应了解其他安全防护及安全操作事项。

病虫害这么多了，一定要消灭他们啊。

没事别担心，我给你多喷点。

虽然病虫害有点严重，但仍然不能盲目施药。病虫害施药要及时，并且要按需对症施药。小麦会遇到赤霉病、叶枯病、蚜虫等病虫害，种植者需要根据不同类型的病虫害选择相应的防治药物。

46

47

喷药机这么多喷头，怎么保证他们喷量均匀一致呢？

喷头喷量主要由自身型号、管道压力等因素决定，喷到庄稼上的农药量还会受到喷杆高度、喷头安装倾角、喷头间距等影响。为改善雾滴分布均匀性，提高农药利用率，喷药系统我们有稳压技术来保证压力稳定，同时配备喷杆高度实时调节系统来保证喷杆和作物冠层相对距离一致。喷头型号和安装间距都是经过我们精心设计选择的。

智能变量喷雾技术实施的主要目的是保证机具在不同的作业情况下，维持喷药的均匀性。其通过实时监测喷药机作业参数，调整喷头实时流量实现。

远处那台作业的喷药机发出警报声了，是怎么回事？

不用着急，你看喷药机停下来了吧。喷药机安装了智能变量控制系统，它可以让机手变得更轻松。操控屏上可显示各喷头的流量，如果喷头有堵塞的，或者喷头流量不均匀就会发出警报声，这样机手就可以及时停机排除故障。

喷药物联网检测系统

机手每天作业这么多地块，可不要忘了哪块作业，哪块没作业哦。

我们的喷药机配备物联网监测系统，可以实时监测作业面积、喷药量等参数，并上传服务器，在手机上就能看到我们喷了哪块地，喷了多少药。

作业要点：

（1）农民朋友在给农作物打农药时，要妥善处理农药外包装，不要随意扔在田间地头，尤其是剧毒农药、除草剂等，被弃置于水渠、水沟中的农药包装物会成为控制难度很大的面源污染。

（2）2020年10月1日起国家就已经施行了《农药包装废弃物回收处理管理办法》，农药的零售商、生产厂商和使用者，都有责任将所用农药包装正确回收，都应该履行自己的义务，为生态环境保护出一份力。

注意要点：
（1）农药可以从呼吸道吸入引起中毒，如逆风喷药不使用任何保护措施极有可能中毒。
（2）农药中毒后可以使用肥皂水清洗。农药中毒首先要把中毒者抬到安静、通风的地区，让患者平躺在地上，迅速脱掉其衣服，避免中毒加深。做好这些急救措施后应及时送患者就医，以免耽误就医时间。

注意要点：

（1）所有农药均具有不同程度的毒性。最好放入柜子或木箱，在外面上锁。农药不得与粮食、油类、种子、蔬菜同库房保管。

（2）乳油剂、烟熏剂农药不得与火柴、机油、鞭炮等易燃物质混在一起。尤其儿童不能接触，防止事故发生。

（3）不能放在人和家畜附近。

爸爸，你拿的什么好吃的？

傻孩子，这个可不能吃。这是杀虫剂，有毒物品！你们快回家，这里是仓库，不能在这里玩耍！

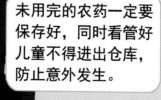

未用完的农药一定要保存好，同时看管好儿童不得进出仓库，防止意外发生。